浪花朵朵

"算出"数学思维

电脑游戏

Computer Games

[英]希拉里·科尔 [英]史蒂夫·米尔斯 著

邱谊萌 译

海峡出版发行集团 | 海峡书局

目录

算一算

运用数学技能探索电脑游戏，解决难题，一路过关斩将，之后你将成为游戏高手！

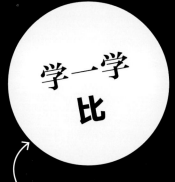

学一学
比

这个部分将带你了解完成各项任务所需的数学思维。

这个部分运用实际例子来检验你刚刚学到的数学知识。

> 算一算

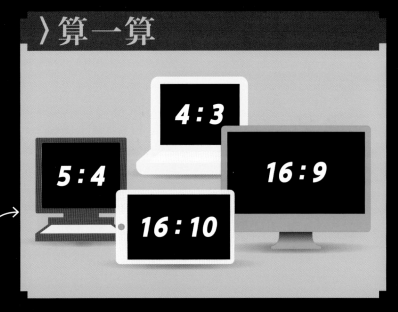

参考答案

这里给出了"算一算"部分的答案。翻到第 28—31 页就可验证答案。

在本书中，有些问题需要借助计算器来解答。可以询问老师或者查阅资料，了解怎样使用计算器。

你需要准备哪些文具？

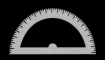

笔　　　　　　笔记本　　　　　量角器

屏幕
准备好了吗?

第一步很重要——调整屏幕设置,你需要为屏幕选择适当的宽高比和分辨率(屏幕能显示的像素数)。

**学一学
比**

两个数的比用于表示两个数相除,例如两个长度的比。

在屏幕设置中,我们用像素宽高比描述电脑屏幕的宽度和高度的比例关系。例如,一块电脑屏幕水平方向的像素是 1280,垂直方向的像素是 1024,两个方向像素数的比也就是其宽高比,为 1280:1024。

要把比化成最简单的整数比,需要把比的每一项同时除以相同的数(0 除外),并重复此过程,直到各项不再有除了 1 以外的公因数。例如,(1200÷30):(900÷30)=(40÷10):(30÷10)=4:3,4:3 就是最简单的整数比。

4

不同的比化简后可能得到同一个比。一块分辨率为 1280×800(即水平方向的像素是 1280,垂直方向的像素是 800)的屏幕和另一块分辨率为 1680×1050 的屏幕,宽高比经过化简后都是 16:10。

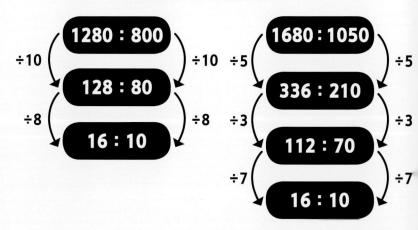

不同的比进行比较时，更简便的方法是把比换算为 n : 1 的形式，n 可以是整数，也可以是小数。换算时，只需要用比的前后两项同时除以后项。

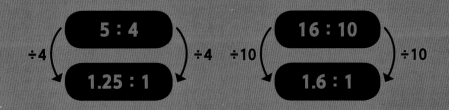

5 : 4 ÷4 → 1.25 : 1 ÷4

16 : 10 ÷10 → 1.6 : 1 ÷10

〉算一算

屏幕的像素数值越大，分辨率越高，画面也越清晰。
应用你学到的比的知识解答下面的问题。

常见屏幕宽高比

4 : 3

5 : 4

16 : 9

16 : 10

❶ 有一块旧屏幕的分辨率为 640 × 480。
（1）它是上图中哪块屏幕？
（2）还有一块分辨率是 1024 × 768 的屏幕，这两块屏幕的宽高比相同吗？

❷ 有一块屏幕，它水平方向的像素是 1920，垂直方向的像素是 1200。
（1）它是图中哪块屏幕？
（2）将这个比化简到最简形式。

❸ 很多游戏玩家认为游戏屏幕的最佳宽高比是 16 : 9。请将这个比换算成 n : 1 的形式，你可以用计算器计算，并保留两位小数。（翻到本书第 15 页，了解四舍五入的方法。）

❹ 一块超高清显示屏的分辨率是 3840×2160。如果你想买一块宽高比为 16 : 9 的屏幕，这块屏幕符合你的要求吗？

赛车手

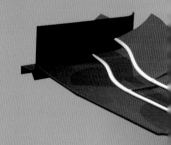

是时候用个超高速的驾驶游戏来消耗一下体力了。你要做的就是监控每一圈的用时及车速，看看能否登上排行榜。

6

学一学
速度、路程与时间

汽车以平均速度（用 v 表示）行驶一定路程（用 s 表示），所需的时间（用 t 表示）可通过以下公式表示：

$$t = s \div v \text{ 或 } t = \frac{s}{v}$$

如果以小时为单位，汽车以每小时 193km（千米）的速度匀速行驶，那么行驶 10km 所需的时间可以这样计算：

$$t = 10 \div 193 \approx 0.052 \text{（小时）}$$

小时数乘 60 得出所需的分钟数：

$$0.052 \times 60 = 3.12 \text{（分）}$$

分钟数再乘 60，则得出所需的秒数：

$$3.12 \times 60 = 187.2 \text{（秒）}$$

对于以每小时 258 km 的速度匀速行驶 14 km 的汽车来说：

$$t = 14 \div 258 \approx 0.054 \text{（小时）}$$

×60

$$= 3.24 \text{（分）}$$

×60

$$= 194.4 \text{（秒）}$$

⟩算一算

以下是行驶在两条不同赛道的赛车手的成绩表：

赛车手成绩表					
第 7 赛道　总长 13km			第 8 赛道　总长 24km		
姓名	用时（以秒计）	排位	姓名	用时（以秒计）	排位
杰德	179.5	1	埃米	342.5	1
基姆	182.5	2	乔	358.5	2
埃米	185	3	杰德	386.5	3

1 以下分别是你在第 1 赛道至第 5 赛道所用的时间（以分钟计）。请以秒为单位写出这些时间：（1）1 分钟 （2）1.6 分钟 （3）4 分钟 （4）2.5 分钟 （5）2.8 分钟

2 你行驶在长 14km 的第 6 赛道上，平均速度为每小时 217km，要完成第 6 赛道，你需花费多长时间：（1）多少分钟？（2）多少秒？

3 你在第 7 赛道上以每小时 258km 的平均速度创下了自己的最高纪录。（1）你用时多少秒？（2）如果把你的成绩计入到上面的赛车手成绩表中，你的排名会是第几位呢？

4 你在第 8 赛道尝试了几次。每次的平均速度分别为每小时 217km、每小时 258km 和每小时 290km。其中有哪几次能进入到上面的赛车手成绩表上，排名是多少？

财富迷宫

利用坐标来指引自己穿过迷宫，以获取大额奖金。

学一学 四象限 和坐标

8

平面直角坐标系有四个象限，其中心是 x 轴和 y 轴的交叉点，叫原点，坐标是（0，0）。

你可以通过给定坐标来描述象限中任何一点。坐标由括起来的一个有序数对表示。有序数对中的第一个数是点在 x 轴上对应的坐标，第二个数是点在 y 轴上对应的坐标。

位于坐标系第一象限的点 A（x，y）的坐标为（3，4），因为这点在 y 轴右侧，距离 y 轴 3 个长度单位；在 x 轴上方，距离 x 轴 4 个长度单位。

y 轴右侧所有点对应的横坐标都是正数，y 轴左侧所有点对应的横坐标均为负数。x 轴上方所有点对应的纵坐标都是正数，x 轴下方所有点对应的纵坐标都是负数。所以点 B（a，b）的坐标为（−3，−4）。

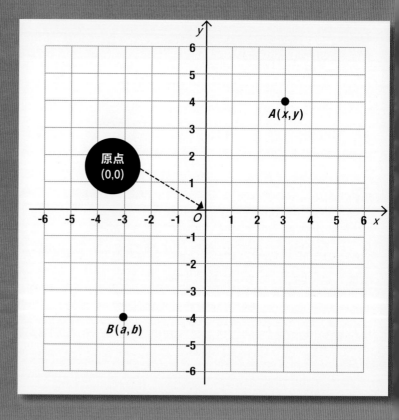

＞算一算

下面是你的财富迷宫。找出能够获取最多美元的路线。

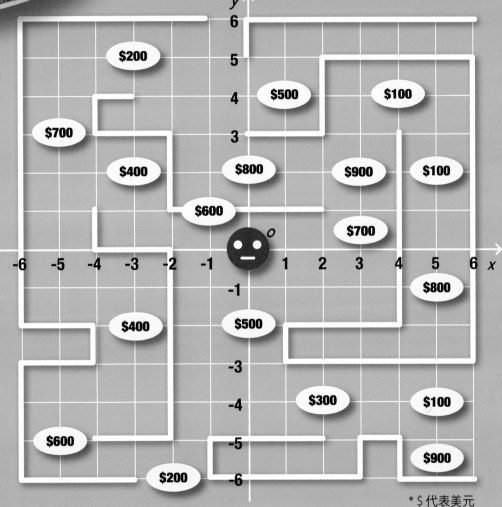

*＄代表美元

---

1 每次从原点出发，只能沿直线移动，去找用美元标注的点。当你经过这些点的时候把钱捡起来。走完每条路线时你能获得多少钱？

路线1:（0, 0）➡（0, -4）➡（5, -4）➡（5, -6）

路线2:（0, 0）➡（3, 0）➡（3, 4）➡（5, 4）➡（5, -2）

路线3:（0, 0）➡（3, 0）➡（3, 2）➡（0, 2）➡（-3, 5）➡（-5, 5）➡（-5, -1）➡（-3, -1）➡（-3, -3）➡（-5, -5）

2 走完这三条路线你一共能获得多少钱？

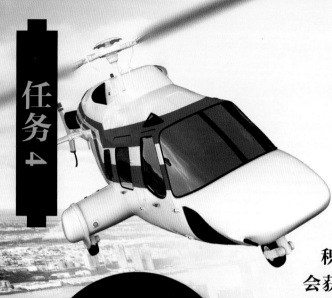

分数
排行榜

在这个游戏中，你要驾驶警用直升机穿过一座虚拟城市，目的是要积累分数。每完成一项飞行任务，你都会获得相应的分数；发生的每一次相撞，都会让你损失掉一些分数。

学一学
大数和数位

10

我们做较大数的加减法时，先了解各个数位的值并将各个数值按数位对齐，再从个位加起或减起，这个计算过程是很重要的。

当计算 1426709（一百四十二万六千七百零九）加上 10040（一万零四十）时，我们只需将 10040 中的 1 填到万位，将 4 填到十位，再将 0 分别填到千位、百位和个位：

亿级	万级				个级			
亿位	千万位	百万位	十万位	万位	千位	百位	十位	个位
		1	4	2	6	7	0	9
	+			1	0	0	4	0
	=	1	4	3	6	7	4	9

很简单吧，你真的可以用心算来算出这个加法算式的得数！你只需明确要改变哪些数位上的数值。

减法也可以用同样的方法来计算。如 24586794-1002090:

亿级	万级				个级			
亿位	千万位	百万位	十万位	万位	千位	百位	十位	个位
	2	4	5	8	6	7	9	4
–		1	0	0	2	0	9	0
=	2	3	5	8	4	7	0	4

〉算一算

你正驾驶直升机穿越这座城市，来跟踪地面上的一名危险的嫌疑犯。以下是你的飞行得分：

起飞
获得 1220694 分

躲避导弹
获得 15000 分

与小鸟相撞
损失 5100 分

被枪支击中
损失 120000 分

刚好躲过摩天大楼
获得 20400 分

从桥下安全通过
获得 500000 分

① 你的最终分数是多少？

② 你最终的分数比你起飞时的分数高多少？

③ 你的飞行分数会使你登上排行榜吗？如果会，你排第几名？

排名	姓名	分数
第一	克莱	1680000
第二	斯特	1635000
第三	杰伊	1630999
第四	丁	1630993
第五	萨姆	1630256

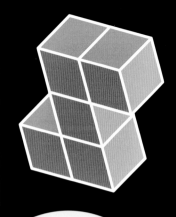

三维挑战

这个游戏中，你需要挑选并匹配出由立方体（正方体）组成的三维图形。每次成功后，你都会依据其图形的体积得到相应的分数。

学一学 三维图形与体积

三维图形有三个维度，分别是长度、宽度和高度。

三维图形所占据的空间大小就是它的体积。常用的体积单位有立方厘米（cm^3）、立方米（m^3）等。

12

左侧的图形在网格纸上绘制，以显示出它是三维立体的。两个蓝色立方体位于底层另两个立方体的上部，如果每个小立方体的体积是 $1cm^3$，则整个图形的体积是 $10\ cm^3$。

从不同角度观察，同一个三维图形看起来会很不一样。有时其中的部分立方体被遮住了，因而不会被看到。下面是从不同角度看到的体积为 $5\ cm^3$ 的图形：

我们还可以转动图形，从另外的角度来看这个图形的变化，如图所示：

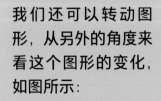   

〉算一算

在这个游戏中，在玩每一轮时你必须从每幅图中各拿掉一块立方体，而后组成一组相同的图形。

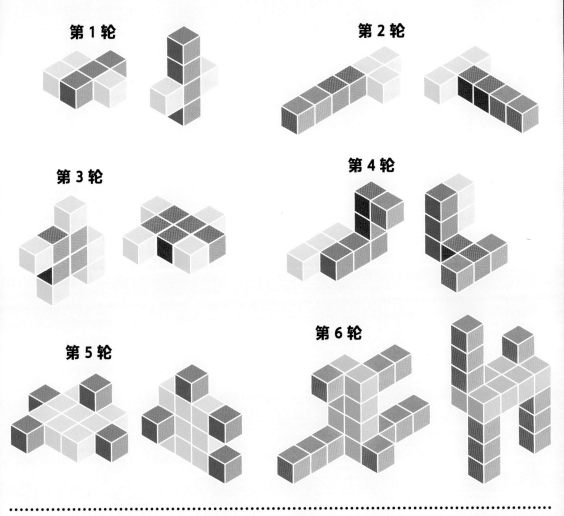

第 1 轮

第 2 轮

第 3 轮

第 4 轮

第 5 轮

第 6 轮

1 每次完成一轮游戏，每轮游戏都要从两个图形中各选择拿掉一个立方体，以使两个图形相同。

2 每个小立方体的体积是 1 cm³，算出每一轮最终相同的图形的体积。

3 每一个体积是 1 cm³ 的立方体会让你获得 1000 分。那么你每一轮能得多少分？

4 你从第 1 轮到第 6 轮总共得了多少分？

巫师之战

要玩"巫师之战"这个游戏，你必须购买巫师。每个巫师都有一个盒子，里面装着 100 块石头，巫师们会尽力把这些石头变成钻石。与敌方的巫师相比，你的巫师能变出更多的钻石么？

学一学 百分数与性价比

百分数（%）是分母为 100 的分数，因此 $75\% = \frac{75}{100}$。

如果一个人在 100 次中有 75 次是正确的，我们可以说他的正确率是 75%。这也可以用图来显示，如右图。

14

在比较不同物品以确定哪一个的性价比更高时，就得算出使用每单位货币（例如 1 元钱或者 1 个代币）购买这些物品时分别能买多少。能买的数量越多，该物品的性价比越高。可以用数量除以总价来计算。

为了比较这 3 袋钻石的价值，就要分别用其重量除以总价。

1.24 kg 值 100 元
1.24 ÷ 100
=0.0124
（每 1 元钱可买
0.0124 kg）

1 kg 值 80 元
1 ÷ 80
= 0.0125
（每 1 元钱可买
0.0125 kg）

0.6 kg 值 50 元
0.6 ÷ 50
= 0.0120
（每 1 元钱可买
0.0120 kg）

因此，购买 1kg 的那袋，1 元钱可以得到的钻石最多。

要找出游戏中购买哪个巫师，可以花费最少代币达到变钻石成功率最高的目标，你需要用表示其成功率的百分数除以购买巫师所用的成本。例如：

90% 的成功率花费
50 个代币
90% ÷ 50=1.8%
每个代币对应 1.8%
的成功率。

54% 的成功率花费
36 个代币
54% ÷ 36=1.5%
每个代币对应 1.5%
的成功率。

30% 的成功率花费
18 个代币
30% ÷ 18≈1.7%
每个代币对应约
1.7% 的成功率。

1.8% 大于 1.5% 和 1.7%，因此最有价值的巫师是第一个巫师。

如果计算器上显示的数，小数点后有许多位，我们要保留三位小数的话，就要用到"四舍五入"法。具体方法是，第四位上的数大于或等于 5 时，向第三位进 1，再把它和右边的数全舍去；第四位上的数小于 5 时，把它和右边的数全舍去。

1.933333333 可写成 1.933（保留三位小数）

1.627906977 可写成 1.628（保留三位小数）

＞算一算

此表显示了每个巫师的成功率及其价格。每个巫师都有一个装有 100 块石头的盒子。你和敌方各有 80 个代币用来购买巫师，你们可以购买同一个巫师。

巫师	成功率	价格
沃洛克	84%	48 个代币
阿斯特拉	70%	43 个代币
谢姆	60%	34 个代币
奥伯伦	58%	30 个代币
贾费特	50%	27 个代币
卡斯珀	48%	25 个代币
佐恩	40%	21 个代币
菲尔顿	33%	18 个代币
西奥	28%	16 个代币

1. 如果以下几个巫师把 100 块石头变成钻石，你分别能从他们那里得到多少颗钻石？（1）沃洛克 （2）阿斯特拉 （3）贾费特 （4）菲尔顿

2. 对照表中的每个巫师：（1）找出每个代币对应的成功率，用百分数表示（保留三位小数）。（2）找出最有价值的巫师。（3）找出价值最小的巫师。

3. 购买谢姆的花费与同时购买菲尔顿和西奥的花费相同。那么，只购买谢姆一个巫师与一起购买菲尔顿和西奥两个巫师，这两个方案相比，哪个得到的钻石更多？

4. 敌方用 80 个代币购买了阿斯特拉、佐恩和西奥。他一共能得到多少颗钻石？

5. 你现在必须决定如何使用这 80 个代币。你不必把它们全部用光。（1）购买哪组巫师的组合为你变出的钻石数量最多？（2）你又能得到多少颗钻石？

喷气式 战斗机

你的下一项任务是驾驶超音速喷气式战斗机，你要开得既快又准。在游戏的每个新阶段挑战的难度都会增加。

学一学
时间间隔

时间可以用冒号和小数点表示，如下所示：

3:40 表示 3 分 40 秒。
3:40.99 表示 3 分 40 秒 99 厘秒。

3:40.99

分　　秒　　厘秒

计算时间时要记住，每满 100 厘秒，前面的秒数就要加 1；每满 60 秒，前面的分钟数加 1；每满 60 分钟，前面的小时数加 1。这是很重要的。

3:59.97 **3:59.98** **3:59.99** **4:00.00** **4:00.01**

在这个计时器上，时间每次增加 1 厘秒。

把 **4:56.40** 和 **0:00.61** 相加时，请注意我们会得到 101 厘秒，因此答案中的秒数要增加 1，结果是 **4:57.01**。

4:56.40 + **0:00.61**
= **4:57.01**

把 **4:57.01** 和 **0:03.00** 相加时，请注意我们会得到 60.01 秒，因此答案中的分钟数要增加 1，结果是 **5:00.01**。

$$4{:}57.01 + 0{:}03.00$$
$$= 5{:}00.01$$

把 **55:59.50** 和 **0:00.50** 相加时，请注意我们会得到 100 厘秒，因此答案中的秒数变成 60，分钟数进而增加 1，结果是 **56:00.00**。

$$55{:}59.50 + 0{:}00.50$$
$$= 56{:}00.00$$

〉算一算

以下是你在各个阶段驾驶喷气式战斗机所用的最短时间。

阶段	时间
▶飞行训练	10:20.00
▶熟练飞行	05:05.50
▶特技飞行任务	01:03.50
▶高级培训	10:01.03
▶飞行战斗	02:30.50
▶主要作战任务	03:56.87
▶终极挑战	09:45.78

1 在飞行训练阶段，你用时比 11 分钟少了多少秒？

2 在终极挑战中，你用时比 9 分 46 秒少了多少厘秒？

3 （1）算出前两个阶段所用的总时间。（2）现在加上第三阶段，看看前三个阶段花费的总时间。（3）继续以这种方式依次加上所有阶段用时，算出你一共花费了多长时间。

4 你用的总时间比 43 分钟少了多少？

隔离

在这个游戏中，你必须把怪兽隔离开，让它独自待在没有数的房间里。这里的两个房间是相连的，你从房间里移除数，必须遵守特定的规则，否则怪兽就会吃掉你！

学一学
解简易方程

一个房间里的数必须等于另一个房间里的数：如果一个房间里多了个数，那么同样的数也必须加到另一个房间里；如果从一个房间里拿走一个数，这个数也必须从另一个房间里减掉。

18

在这里我们可以做逆运算，也就是用减去 7 的方式，从左边的房间中去掉 **+7**。

如果我们对一个房间这样做，就必须对另一个房间也这样做。

这样我们就可以把怪兽单独放在左边的房间里，把 15-7=8 放在右边的房间里。

要隔离怪兽，另一个房间里的数就必须是 **8**！

对下面每个运算使用逆运算，如下所示：

 逆运算 　　×10　逆运算　÷10

−9　逆运算　+9　　÷5　逆运算　

记住，如果你从一个房间移除一个怪兽，你也必须从另一个房间移除一个！

〉算一算

使用逆运算将怪兽所在房间中的数移除并将怪兽隔离。

题 1

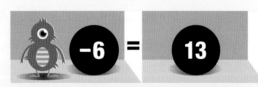

题 2

题 3

题 4

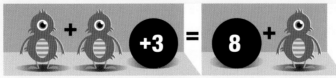

题 5

① 利用游戏规则，找出每道题中怪兽对应的数是多少。

② 出类似的怪兽题，其中怪兽分别等于：（1）6　（2）10　（3）100

③ 出一道题，其中一个房间里有三个怪兽，另一个房间里有两个，而且每个怪兽都等于3。

锁定目标，开火！

在接下来的游戏中，你必须学会如何发射导弹以及如何避开敌人发射过来的导弹。

学一学 一次函数的图像

一次函数的图像在坐标系里显示为一条直线。直线上每个点的坐标都有共性。

请记住，坐标的形式是括起来的一个有序数对 (x, y)：x 是点在 x 轴上对应的坐标（横坐标），y 是点在 y 轴上对应的坐标（纵坐标）。

20

看这条线，线上几个点的坐标分别是：

$(-5, -4)$，$(-2, -1)$，
$(-1, 0)$，$(1, 2)$，
$(3, 4)$，$(5, 6)$。

你能从中发现什么规律？

请注意，点的纵坐标始终等于横坐标加 1。

我们可以用一个等式来描述这条线：

$$y = x + 1$$

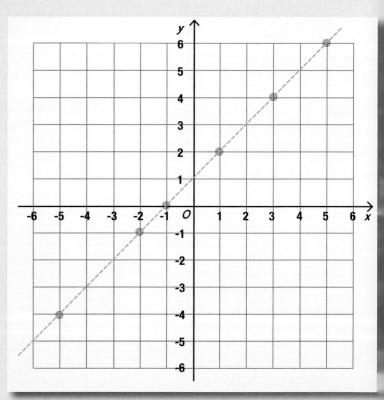

其中，x 是自变量，y 是 x 的函数。这条直线是该函数对应的图像。我们还可以预测其他点是否在这条线上。例如，点 $(7, 2)$ 不在此线上，因为纵坐标 y 不符合比横坐标 x 大 1 的规律。

为完成以下任务，你必须驾驶战斗机精确地发射
导弹，同时要避开敌人的炮火。

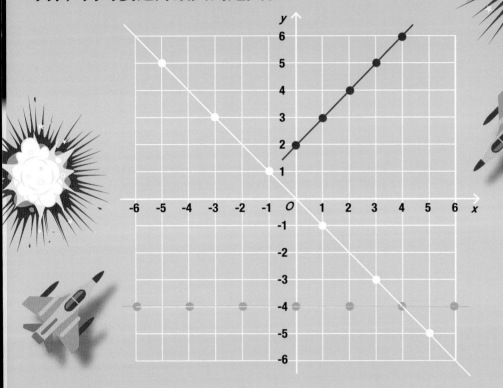

1 你需要对导弹进行编程，使导弹经过上面坐标系中用红色标记的目标：(0，2)，(1，3)，(2，4)，(3，5)，(4，6)。
(1)观察各点坐标，写出 x 和 y 的坐标规律。(2)你会用什么函数来给导弹编程？

2 (1)在上面的坐标系中写出标记为绿色的目标点的坐标。(2)观察绿线上每个点的纵坐标，你发现了什么特点？
(3)你会用什么函数来给这个导弹编程？

3 (1)在上面的坐标系中写出标记为黄色的目标点的坐标。(2)观察黄线上每个点的横坐标和纵坐标，你发现了什么特点？
(3)下面这些函数中的哪一个能描述黄线？y = x，y = 2x，y = 5，y = -x。

4 已知使用函数 y = x-3 对导弹进行了编程。将显示出这枚导弹路径的点的坐标补充完整：(5，?)，(3，?)，(-2，?)，(-3，?)。

5 如果你的位置在点(2，-1)，你需要采取行动以避开第 4 题中的导弹，使它不会射中你么？

准确率

《恐龙帝国》这个游戏测试你在充满危险动物的世界中移动的技能。分数按照表示准确率的百分数来计算。

学一学 分数和百分数

整体的一部分可以用分数表示，将部分放在分数线的上面做分子，将整体放在分数线的下面做分母。

例如，如果总分是 800 分，你得了 200 分，就可以将其记为 $\frac{200}{800}$。

只要将分子、分母同时除以它们的最大公因数，就会得到一个分子、分母较小但分数大小不变的分数，这个分数就是最简分数。这里，分子、分母都除以 200，得到最简分数 $\frac{1}{4}$。有时，分数要多除几次才比较容易得出最简形式。

$$\frac{200}{800} \overset{\div 200}{\underset{\div 200}{=}} \frac{1}{4} \qquad \frac{77}{140} \overset{\div 7}{\underset{\div 7}{=}} \frac{11}{20}$$

$$\frac{3060}{7650} \overset{\div 10}{\underset{\div 10}{=}} \frac{306}{765} \overset{\div 3}{\underset{\div 3}{=}} \frac{102}{255} \overset{\div 51}{\underset{\div 51}{=}} \frac{2}{5}$$

分数也可以用百分数表示，这样更易于比较大小。如果要将一个分数写成百分数的形式，那么它的分母就是 100 的一个因数，你需要找出这个分母必须乘多少才能得到 100。然后将分数的分子、分母都乘这个数。这样就得出了百分数。以下是一些例子：

$$\frac{1}{4} \overset{\times 25}{\underset{\times 25}{=}} \frac{25}{100} = 25\%$$

$$\frac{11}{20} \overset{\times 5}{\underset{\times 5}{=}} \frac{55}{100} = 55\%$$

$$\frac{2}{5} \overset{\times 20}{\underset{\times 20}{=}} \frac{40}{100} = 40\%$$

〉算一算

下表中的准确率是用任务总数中出错的比例计算出来的。

名字	出错数量	完成的任务总数	分数	最简分数	%	准确率（百分数）
杰克	200	800	$\frac{200}{800}$	$\frac{1}{4}$	25%	75%
锡德	8	40				
佩特	50	200				
丹	9	100				
尤尔	34	200				
萨克	21	75				

1 计算出这 5 位玩家的准确率并填入表格内:（1）锡德 （2）佩特 （3）丹（4）尤尔 （5）萨克

2 哪两位玩家的准确率相同？

3 （1）谁的准确率最高？ （2）谁的准确率最低？

4 按照准确率从高到低的顺序为表内所有玩家排序。

5 如果你在总共 150 次任务中只有 6 次出了错误，那么你的准确率会比表格里准确率最高的玩家高出多少？用百分数的形式给出你的答案。

转移军队

在《古代文明》这个游戏中，你负责指挥军队去往战斗地点。你必须为军队提供准确的方向，这样才能保护你方的文明不被摧毁。

学一学 平移和勾股定理

在数学中，平移是指一个图形整体沿某一直线方向移动，得到的新图形与原图形的形状、大小均相同。图形平移的方向可以是水平的、垂直的，也可以是斜线方向的（如下图所示）。

当描述平移时，我们会说斜穿过多少个单位，以及向上或向下移动了多少个单位。在右图里，你可以看到该平移路径构建出了一个直角三角形。

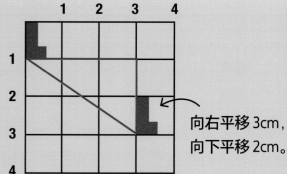

向右平移 3cm，
向下平移 2cm。

勾股定理描述了直角三角形中三条边之间的关系。它表明直角三角形的两条直角边边长的平方和等于斜边长的平方。如公式所示：

$$a^2 + b^2 = c^2$$

其中 a 和 b 为直角边的边长，c 为斜边长。

我们可以依据水平方向和垂直方向的两个直角边的长度，运用这个公式计算出斜边的长度，就像这样：

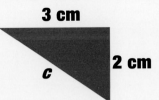

3 cm

2 cm

c

$3^2 + 2^2 = c^2$ $9 + 4 = c^2$ $13 = c^2$

我们使用二次根式 $\sqrt{13}$ 来求 c 的值。$c = \sqrt{13}$，因此 $c \approx 3.6$（cm）（保留一位小数）。

＞算一算

你想把军队派往地图上标记出的不同城市。记住，图上 1 个小格的边长就代表 1km。

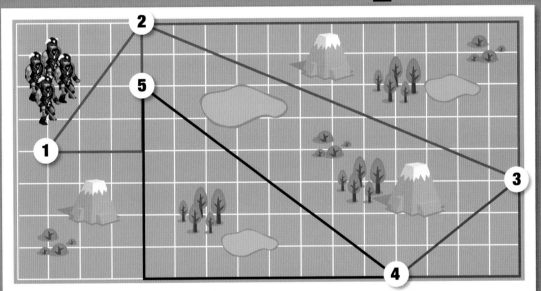

① 你要先命令你的军队从位置 1 移动到位置 2。借助绿色三角形来描述军队的平移路线。写出从位置 1 到位置 2，军队在水平方向和垂直方向上移动的距离，单位是千米。

② 使用勾股定理计算出从位置 1 到位置 2 的斜线距离，以便告诉你的军队要行进多远。

③ 现在命令军队从位置 2 移动到位置 3，描述出军队在水平和垂直两个方向上平移的距离。利用勾股定理算出军队行进的斜线距离。

④ 分别计算出下面两次行军的斜线距离：（1）从位置 3 到位置 4 （2）从位置 4 到位置 5。

⑤ 如果你的军队如图中所示从位置 1 出发，沿斜线到达位置 2，依次经过位置 3、位置 4，最后到达位置 5，那么总的行进距离是多远？

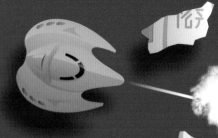

击落碎片

任务 12

在最后一次任务中，你要乘坐宇宙飞船进入到平流层，去摧毁那些最近因空间站爆炸产生的碎片。这项任务对于拯救世界至关重要！

学一学 角和四边形

角通常以度为度量单位，90 度（记作 90°）的角为直角，180° 的角为平角，360° 的角为周角。

我们把角度大于 0° 小于 90° 的角称为锐角，把角度在 90° 和 180° 之间的角称为钝角。在使用量角器测量角时，要把量角器的中心与角的顶点重合，0° 刻度线与角的一条边重合。如下所示：

26

注意读数时要从 0 开始，读到角的另一条边所在的位置。图中的角为 60°，而不是 120°。

逆时针方向

本书中所讲的四边形是指不在同一直线上的四条线段依次首尾相接围成的封闭的平面图形。特殊的四边形的特征如下：

平行四边形： 两组对边分别平行（a、b、c、d）。
矩形： 具有四个直角，且对边相等。它是平行四边形的一种（a、d）。
正方形： 具有四个直角和四条等长的边。它是矩形的一种（d）。
菱形： 具有四条等长的边。它是平行四边形的一种（c、d）。

梯形：只有一组对边平行（e、f）。

风筝形四边形：两条相邻的短边等长，两条相邻的长边也等长（g、h）。

与上面描述的特征都不匹配的四边形，我们就称之为四边形（i）。

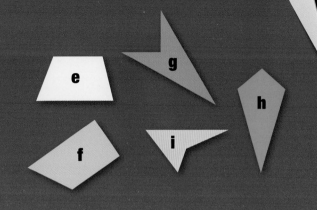

〉算一算

你要计算出精确定位导弹所需要的角度，使导弹在那些碎片落到地球上之前击中并摧毁它们。

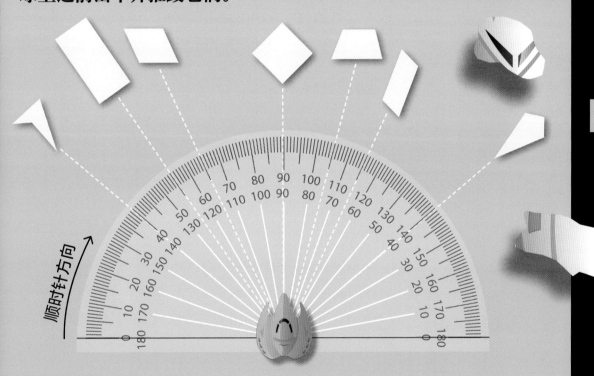

1　如果将一枚导弹向与你的宇宙飞船所在的水平方向成 90° 的方向发射，你会击中空间站因爆炸产生的众多碎片中什么形状的碎片？

2　以顺时针方向读取角度，按 115° 发射导弹，能击中一个平行四边形碎片么？

3　你应该将导弹以顺时针方向设置多少度能击中：
（1）非正方形的矩形？
（2）梯形？

4　如果以顺时针 140° 的角度发射导弹，你会击中什么形状的碎片？

参考答案

4—5　屏幕准备好了吗？

1.（1）640：480 = 4：3

（2）1024：768 = 4：3，所以这两块屏幕的宽高比相同。

2.（1）1920：1200 = 16：10

（2）16：10 = 8：5

3.16÷9≈1.78，所以比的 n：1 形式是 1.78：1。

4. 符合。

（5）2.8 × 60 = 168（秒）

2.（1）14÷217≈0.065（小时）

0.065 × 60 = 3.9（分）

（2）3.9 × 60 = 234（秒）

3.（1）13÷258≈0.05（小时）

0.05 × 60 = 3（分）

3 × 60 = 180（秒）

（2）第 2 位。

4. 后面两次都能进入排行榜，分别以 334.8 秒和 298.8 秒位居第 1。

6—7 赛车手

1.（1）1 × 60 = 60（秒）

（2）1.6 × 60 = 96（秒）

（3）4 × 60 = 240（秒）

（4）2.5 × 60 = 150（秒）

8—9　财富迷宫

1. 线路 1：500 + 300 + 100 + 900 = 1800（美元）

线路 2：700 + 900 + 100 + 100 + 800 = 2600（美元）

线路 3：700 + 900 + 800 + 200 + 700 + 400 + 600 = 4300（美元）

2.1800 + 2600 + 4300 = 8700（美元）

8000 分，12000 分，17000 分

4. 5000 + 6000 + 8000 + 8000 + 12000 + 17000 = 56000（分）

10—11　分数排行榜

1. 1220694 + 15000 − 5100 − 120000 + 20400 + 500000 = 1630994（分）

2. 1630994 − 1220694 = 410300（分）

3. 是的，在排行榜的第 4 名。

12—13　三维挑战

1. 如图

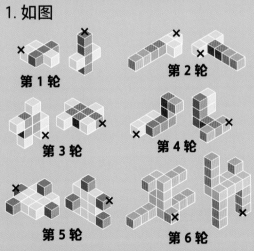

第 1 轮　　第 2 轮

第 3 轮　　第 4 轮

第 5 轮　　第 6 轮

2. 5cm³，6cm³，8cm³，8cm³，12cm³，17cm³

3. 5000 分，6000 分，8000 分，

14—15　巫师之战

1.（1）84 颗（2）70 颗
（3）50 颗（4）33 颗

2.（1）沃洛克 84% ÷ 48 = 1.75%
阿斯特拉 70% ÷ 43 ≈ 1.628%
谢姆 60% ÷ 34 ≈ 1.765%
奥伯伦 58% ÷ 30 ≈ 1.933%
贾费特 50% ÷ 27 ≈ 1.852%
卡斯珀 48% ÷ 25 = 1.92%
佐恩 40% ÷ 21 ≈ 1.905%
菲尔顿 33% ÷ 18 ≈ 1.833%
西奥 28% ÷ 16 = 1.75%
（2）奥伯伦。（3）阿斯特拉。

3. 谢姆的成功率是 60%，但菲尔顿和西奥加在一起的成功率是 61%，所以菲尔顿和西奥能变出的钻石更多。选第二个方案。

4.（70% +40% +28%）× 100 = 138（颗）

5.（1）30 + 25 + 21 = 76，用 76 个代币购买奥伯伦、卡斯珀和佐恩，能得到的钻石最多。
（2）（58% +48% +40%）× 100 = 146（颗）

16—17   喷气式战斗机

1. 40 秒

2. 22 厘秒

3. （1）10:20.00 + 05:05.50 = 15:25.50

    （2）15:25.50 + 01:03.50 = 16:29.00

    （3）16:29.00 + 10:01.03 + 02:30.50 + 03:56.87 + 09:45.78 = 42:43.18

4. 16.82 秒

18—19   隔离

1. 题 1：15 ÷ 3 = 5
    题 2：13 + 6 = 19
    题 3：4 × 4 = 16
    题 4：每个房间去掉一个怪兽，可以看到怪兽对应的数是 9。
    题 5：每个房间去掉一个怪兽，然后同时减 3，即 8 − 3 = 5，怪兽对应的数是 5。

2. 答案不唯一，合理即可。

3. 答案不唯一，合理即可。

20—21   锁定目标，开火！

1.（1）纵坐标 y 总比横坐标 x 大 2。
    （2）$y = x + 2$

2.（1）（−6，−4），（−4，−4），（−2，−4），（0，−4），（2，−4），（4，−4），（6，−4）
    （2）纵坐标都是 −4。
    （3）$y = -4$

3.（1）（−5，5），（−3，3），（−1，1），（1，−1），（3，−3），（5，−5）
    （2）横坐标和纵坐标是相反数：x 是正数，y 就是负数，反过来也一样。
    （3）$y = -x$

4.（5，2），（3，0），（−2，−5），（−3，−6）

5. 需要。

22—23　准确率

1.（1）锡德：$\frac{8}{40} = \frac{1}{5} = 20\%$

　　$100\% - 20\% = 80\%$

　（2）佩特：$\frac{50}{200} = \frac{1}{4} = 25\%$

　　$100\% - 25\% = 75\%$

　（3）丹：$\frac{9}{100} = 9\%$

　　$100\% - 9\% = 91\%$

　（4）尤尔：$\frac{34}{200} = \frac{17}{100} = 17\%$

　　$100\% - 17\% = 83\%$

　（5）萨克：$\frac{21}{75} = \frac{7}{25} = 28\%$

　　$100\% - 28\% = 72\%$

2. 杰克和佩特。

3.（1）丹。　（2）萨克。

4. 丹、尤尔、锡德、杰克、佩特、萨克。

5. $\frac{6}{150} = \frac{1}{25} = 4\%$　$100\% - 4\% = 96\%$

　$96\% - 91\% = 5\%$ 准确率比表格里准确率最高的玩家还要高出5%。

24—25　转移军队

1. 水平方向移动 3km，垂直方向移动 4km。

2. $3^2 + 4^2 = 9 + 16 = 25$　$\sqrt{25} = 5$(km)

3. 水平方向移动 12km，垂直方向移动 5km。$12^2 + 5^2 = 144 + 25 = 169$　$\sqrt{169} = 13$（km）

4.（1）3→4：水平方向移动 4km，垂直方向移动 3km，$4^2 + 3^2 = 16 + 9 = 25$　$\sqrt{25} = 5$（km）

　（2）4→5：水平方向移动 8km，垂直方向移动 6km，$8^2 + 6^2 = 64 + 36 = 100$　$\sqrt{100} = 10$（km）

5. $5 + 13 + 5 + 10 = 33$（km）

26—27　击落碎片

1. 正方形。

2. 能。

3.（1）55°　（2）105°

4. 风筝形四边形。

图书在版编目（CIP）数据

"算出"数学思维 / (英) 安妮·鲁尼, (英) 希拉
里·科尔, (英) 史蒂夫·米尔斯著; 肖春霞等译. --
福州: 海峡书局, 2023.3
　　ISBN 978-7-5567-1033-1

　　Ⅰ.①算⋯ Ⅱ.①安⋯ ②希⋯ ③史⋯ ④肖⋯ Ⅲ.
①数学—少儿读物 Ⅳ.① O1-49

中国国家版本馆 CIP 数据核字 (2023) 第 018758 号
著作权合同登记号　图字: 13—2022—059 号